TOK TOK BOOK 톡!

Vol.3

SNAKES

한국양서파충류협회 X 다흑

PREFACE 들어가는 말

양서파충류 톡톡북(TOK TOK BOOK) 시리즈는 작은 생명의 소중함을 알고, 새로운 세계에 대한 열린 마음이 있는 여러분을 위하여 탄생했습니다.

낯설지만 우리 곁에 함께해온 존재들, 그 친구들의 매력을 톡톡북(TOK TOK BOOK)에서 찾아보세요.

저자 일동

* 도서의 수록 종과 이미지 출처는
  QR코드로 확인하세요!

PREVIEW 미리보기

톡(TOK)! 톡(TOK)!
점선을 따라 살짝
뜯어보세요.

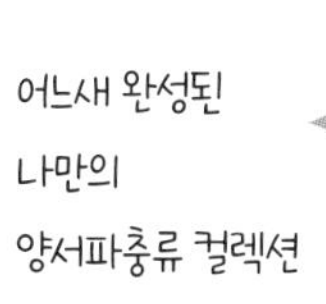

어느새 완성된
나만의
양서파충류 컬렉션

PREVIEW 미리보기

색칠하여 완성하는
나만의 양서파충류 친구

STRUCTURE 이 책의 구성

지상성

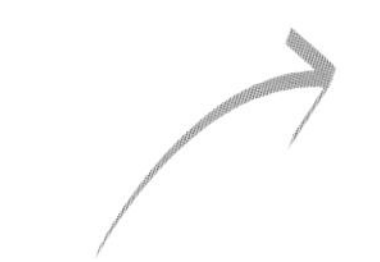

생태 분류

✂ 점선대로 톡톡 뜯어보세요.

특성

활동시기 & 먹이

활동시기　　**먹이**

몸 전체에 퍼져 있는 불규칙한 다이아몬드 무늬 때문에 그물무늬 비단구렁이로 불리며, 전 세계에서 가장 긴 뱀으로 유명합니다. 큰 덩치와 사나운 성격 때문에 가장 위험한 비단구렁이로 알려져 있고 원서식지에서는 종종 사람을 잡아먹기도 합니다. 다양한 환경에서 활동할 수 있는 만능 종으로 뛰어난 수영실력으로 육지에서 멀리 떨어진 바다에서 목격되기도 하고, 먼 섬에 새로 자리를 잡기도 합니다. 아름다운 무늬 때문에 가죽이 이용되는 대표적인 뱀 종으로, 버미즈 파이톤과 마찬가지로 무분별한 남획으로 인해 자연 개체수가 지속적으로 줄어들고 있습니다.

서식지

종별 특징

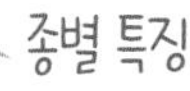

학　명 : *Malayopython reticulatus*
원산지 : 동남아시아 일대
크　기 : 평균 수컷 4~7m, 암컷 최대 9m 이상
생　태 : 나무 위, 육지, 물가 등 다양한 환경에서 생활

지상성

생태 분류

종 명

리티큘레이티드 파이톤

Reticulated Python

✂ 점선대로 톡톡 뜯어보세요.

Coloring

자유롭게 색칠해보세요.

ECOLOGICAL ICON 생태 아이콘

활동시기

주행성

일몰/일출

야행성

우기

육식성 먹이

설치류

소형 포유류

대형 포유류

박쥐

소형 조류

메추라기

새알

개구리

도롱뇽

ECOLOGICAL ICON 생태 아이콘

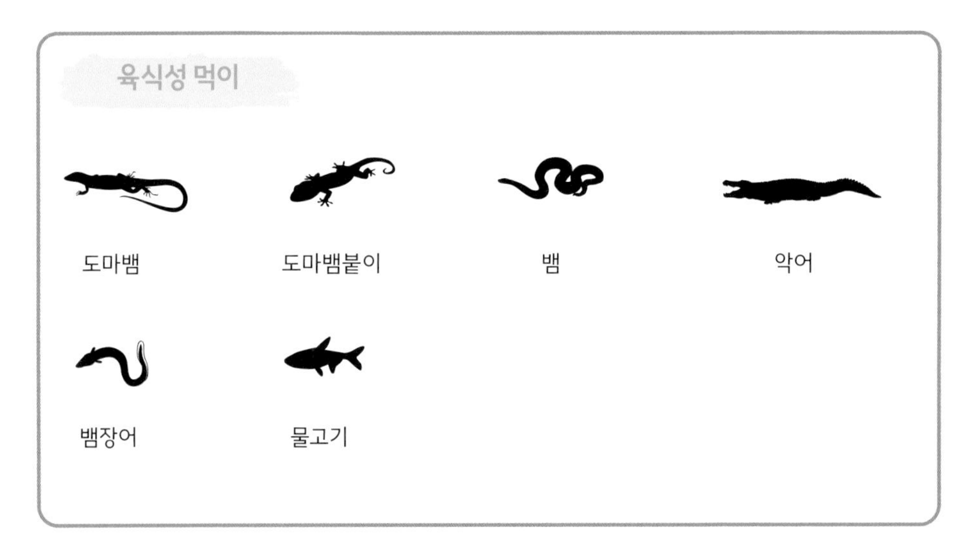

레드 테일드 보아

Red-tailed Boa

활동시기 **먹이**

'왕뱀'이라고도 불리는 보아뱀류는 남아메리카 열대우림에 서식하는 대형 뱀입니다. 보아는 수많은 종류들이 있지만, '보아뱀'이라고 하면 보통은 이 붉은 꼬리 보아를 가리킬 정도로 보아라는 뱀을 대표하는 종입니다. 뱀이 도마뱀으로부터 진화했다는 사실을 증명하는 '흔적돌기'라고 불리는 한 쌍의 발톱을 항문 양 옆에 가지고 있고, 입술 주변에는 먹이가 발산하는 열을 감지할 수 있는 '피트기관(pit organs)'을 가지고 있습니다. 알을 낳아 번식하는 비단구렁이(Python)와는 달리 보아(Boa)는 알을 뱃속에서 부화시킨 뒤 새끼로 출산합니다.

학 명 : *Boa constrictor*
원산지 : 남미
크 기 : 평균 수컷 1.8~2.4m, 암컷 3~4m
생 태 : 어릴 때는 나무 위에서 생활하다가 나이가 들고 덩치가 커지면 땅에서 생활

레드 테일드 보아

Red-tailed Boa

Coloring

브라질리언 레인보우 보아

Brazilian Rainbow Boa

활동시기 **먹이**

머리 중앙에 세 개의 평행한 검은색 줄무늬가 있고, 붉은색 또는 주황색을 바탕으로 검은색 테두리를 가진 동그란 무늬가 몸 전체에 나타납니다. 무늬는 어쩌면 평범하다고 할 수 있지만, 이 종은 자연광이 비칠 때 비늘에 반사되는 무지갯빛의 휘황찬란한 광채가 특히 아름다운 종입니다. 비늘의 튀어나온 부분이 프리즘 역할을 하여 빛을 굴절시켜 무지개색 효과를 만들어냅니다. 브라질리언 레인보우 보아의 무지갯빛 홀로그램 광채는 비슷한 여러 종류의 레인보우 보아들 가운데서도 가장 선명하고 화려하다고 평가되고 있습니다.

학 명 : *Epicrates cenchria*
원산지 : 중미, 남미
크 기 : 수컷 1.2m 내외, 암컷 1.4m 내외, 평균 1.5~1.8m
생 태 : 주로 습한 삼림지대와 열대우림의 바닥에서 생활

브라질리언 레인보우 보아

Brazilian Rainbow Boa

아마존 트리 보아

Amazon Tree Boa

활동시기 **먹이**

아마존 나무 보아뱀의 색상과 무늬 차이는 같은 종 안에서도 매우 다양합니다. 주황색이나 노란색, 회색, 녹색, 빨간색처럼 하나의 색도 있지만 여러 가지 색깔이 뒤섞여 있기도 하고 원형 무늬, 줄무늬, 민무늬 등 무늬 또한 다양합니다. 이런 다채로운 색상이나 무늬는 주변 사물에 자연스럽게 녹아들고, 완벽하게 몸을 숨기는 데 큰 도움이 됩니다. 나무에 사는 뱀답게 가늘고 날렵한 몸을 가지고 있는데, 가느다란 몸통 때문에 다른 뱀들보다 머리가 더 커 보입니다. 독은 없지만 한번 문 먹잇감을 놓치지 않기 위해 앞니가 매우 길게 발달되어 있습니다.

학 명 : *Corallus hortulanus*
원산지 : 남미 아마존 분지 일대
크 기 : 평균 1.5~2m
생 태 : 주로 나무 위에서 생활

아마존 트리 보아

Amazon Tree Boa

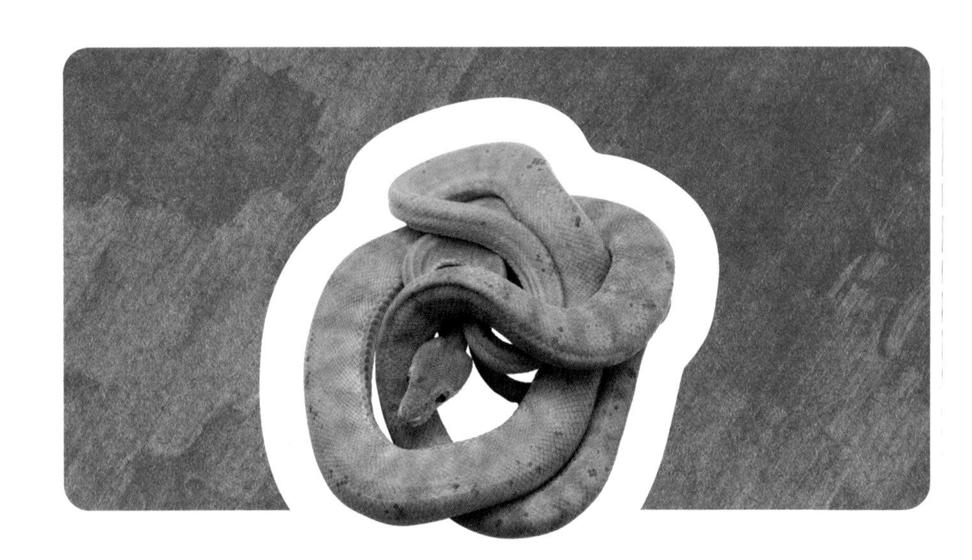

Coloring

로지 보아

Rosy Boa

활동시기  먹이 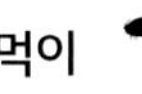 

로지 보아는 주로 건조한 지역의 땅굴과 바위틈에서 활동하는 작은 뱀입니다. 머리에서부터 꼬리 끝까지 끊어지지 않고 이어진 세 줄의 세로 줄무늬를 갖고 있습니다. 이 뱀은 바위가 없는 지역에서는 거의 찾아보기 어려운데, 바위가 없는 지역에서는 설치류의 굴에 주로 숨어 지냅니다. 작은 포유동물이나 도마뱀, 다른 뱀을 잡아먹는데, 뱀 중에서도 이동 속도가 가장 느린 편이기 때문에 먹잇감을 쫓아다니기보다는 주로 숨어 있다가 사냥을 합니다. 매우 온순한 성격을 갖고 있어서 포식자에게 발각되더라도 물기보다는 고약한 냄새를 내뿜어 방어합니다.

학　명 : *Lichanura trivirgata*
원산지 : 북미의 미국, 멕시코
크　기 : 평균 45~85㎝, 최대 1m 내외
생　태 : 주로 땅 위, 땅속, 바위틈에서 생활

로지 보아

Rosy Boa

Coloring

그린 아나콘다

Green Anaconda

아나콘다는 지구상에서 가장 큰 뱀으로 유명하지만 정확하게는 이 '그린 아나콘다' 종이 가장 큰 뱀입니다. 길이로는 동남아시아에 사는 그물무늬 비단구렁이가 더 길지만, 물뱀인 아나콘다는 덩치가 훨씬 큽니다. 커다란 몸집 때문에 물 밖에서는 움직임이 느리지만 물속에서는 놀라울 정도로 잠수와 수영에 능숙합니다. 몸에 비해 작은 머리를 가지고 있으며 눈과 콧구멍이 머리의 위쪽에 위치해 있기 때문에 물 안에서 머리만 내놓고 은밀하게 주변을 살펴보기 좋습니다. 물속에서 숨어 있다가 물가에 다가오는 포유류나 조류, 카이만 악어를 사냥합니다.

학 명 : *Eunectes murinus*
원산지 : 남미 북부 아마존과 오리노코 분지의 열대우림
크 기 : 평균 수컷 2.5~3.5m, 암컷 5m, 최대 8m 내외
생 태 : 주로 늪지대, 물가에서 생활

그린 아나콘다

Green Anaconda

옐로 아나콘다

Yellow Anaconda

활동시기  먹이

유전적으로 가까운 관계에 있는 그린 아나콘다보다는 작게 크지만 전체적인 체형이나 행동 습성은 아주 비슷합니다. 하지만 그린 아나콘다처럼 무게가 많이 나가지는 않아서 나무도 잘 타기 때문에 물가 나무 위에서 종종 휴식을 취하는 모습을 볼 수 있습니다. 갈색 또는 노란색 바탕에 연속적인 갈색 또는 검은색의 줄무늬가 몸 전체적으로 관찰됩니다. 낮과 밤에 모두 활동할 수 있고, 매복사냥을 주로 하지만 때로는 적극적으로 먹이를 찾아 움직이기도 합니다. 어린 아나콘다는 큰 먹이를 잡을 수 있을 때까지 주로 물고기를 잡아먹으며 자랍니다.

학　명 : *Eunectes notaeus*
원산지 : 남미
크　기 : 수컷 최대 3.7m, 암컷 최대 4.6m
생　태 : 주로 늪지대, 물가에서 생활

옐로 아나콘다

Yellow Anaconda

Coloring

볼 파이톤

Ball Python

활동시기 **먹이**

아프리카에 사는 비단뱀을 대표하는 종입니다. 'Royal Python'이라는 이름도 있지만, 보통은 위협을 받았을 때 머리를 가운데 두고 몸을 동그랗게 말아서 머리 부분을 보호하는 습성 때문에 붙여진 '공구렁이(Ball Python)'라는 이름으로 더 많이 불리고 있습니다. 작은 머리와 부드러운 비늘을 가진 뚱뚱한 체형으로 아프리카에 사는 비단구렁이들 가운데 가장 덩치가 작습니다. 아주 온순한 성격을 가지고 있는 뱀으로, 전 세계적으로 애완용으로 가장 많이 길러지고 있습니다. 또한 가장 다양한 품종으로 개량되고 있는 종이기도 합니다.

학　명 : *Python regius*
원산지 : 사하라 사막 남쪽, 아프리카 서부 지역
크　기 : 평균 수컷 0.9~1m, 암컷 1.2~1.8m
생　태 : 주로 땅 위, 땅굴 안에서 생활

볼 파이톤

Ball Python

Coloring

버미즈 파이톤

Burmese Python

짙은 갈색 바탕에 밝은 갈색의 그물무늬가 몸 전체에 나타나며, 머리에는 화살표 모양의 무늬가 있는 대형종입니다. 세계 5대 대형 뱀에 속하는 종으로, 매우 굵은 체형을 갖고 있고 다른 초대형종 뱀처럼 암컷이 수컷보다 훨씬 크게 성장합니다. 하지만 덩치에 비해 상당히 온순한 편입니다. 원서식지에서는 아름다운 가죽 때문에 많은 수가 남획되고 있어 자연 개체수가 점점 줄어들고 있지만, 미국 플로리다에서는 외래종인 이 버마 비단구렁이가 현지 야생에 적응하고 자연 번식되면서 지역 생태계를 심각하게 위협하고 있습니다.

학　명 : *Python bivittatus*
원산지 : 동남아시아
크　기 : 평균 수컷 3~4.5m, 암컷 5~6m
생　태 : 나무 위, 육지, 물가 등 다양한 환경에서 생활

버미즈 파이톤

Burmese Python

Coloring

리티큘레이티드 파이톤

Reticulated Python

활동시기 먹이

몸 전체에 퍼져 있는 불규칙한 다이아몬드 무늬 때문에 그물무늬 비단구렁이로 불리며, 전 세계에서 가장 긴 뱀으로 유명합니다. 큰 덩치와 사나운 성격 때문에 가장 위험한 비단구렁이로 알려져 있고 원서식지에서는 종종 사람을 잡아먹기도 합니다. 다양한 환경에서 활동할 수 있는 만능 종으로 뛰어난 수영실력으로 육지에서 멀리 떨어진 바다에서 목격되기도 하고, 먼 섬에 새로 자리를 잡기도 합니다. 아름다운 무늬 때문에 가죽이 이용되는 대표적인 뱀 종으로, 버미즈 파이톤과 마찬가지로 무분별한 남획으로 인해 자연 개체수가 지속적으로 줄어들고 있습니다.

학 명 : *Malayopython reticulatus*
원산지 : 동남아시아 일대
크 기 : 평균 수컷 4~7m, 암컷 최대 9m 이상
생 태 : 나무 위, 육지, 물가 등 다양한 환경에서 생활

리티큘레이티드 파이톤

Reticulated Python

Coloring

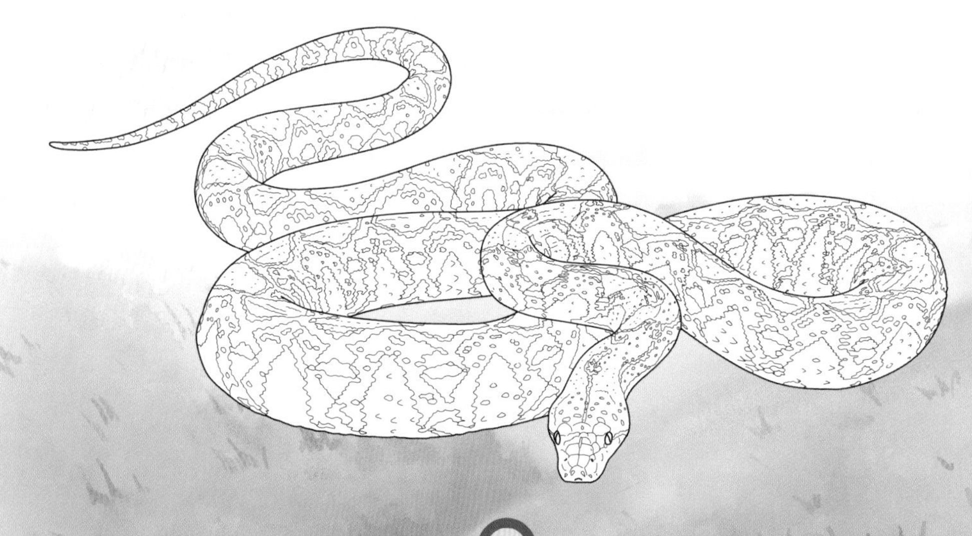

블러드 파이톤

Blood Python

활동시기 **먹이**

모든 뱀들 중에서 몸길이에 비해 가장 뚱뚱한 체형을 가진 비단구렁이 종입니다. 몸이 특별히 긴 편은 아니지만 완전히 성장한 개체는 성인의 허벅지만큼 굵어집니다. 체형에서도 볼 수 있듯 활발한 종은 아니며, 뱀 중에서도 많은 양의 먹이를 먹고 오랫동안 소화시키면서 쉬는 종입니다. 몸의 색은 '피 비단구렁이'라는 이름의 유래가 된 붉은 바탕을 기본으로 갈색과 흰색, 검은색이 어우러진 마블 무늬를 가지고 있습니다. 고온다습한 열대우림의 바닥에서 발견되고 주로 밤에 활동합니다. 기본적으로 사나운 성격을 가지고 있다고 알려져 있습니다.

학 명 : *Python brongersmai*
원산지 : 동남아시아의 인도네시아, 태국, 말레이시아
크 기 : 평균 수컷 0.9~1.5m, 암컷 1.2~1.8m, 최대 2.5m
생 태 : 주로 땅 위에서 생활

블러드 파이톤

Blood Python

Coloring

정글 카펫 파이톤

Jungle Carpet Python

활동시기 **먹이**

'카펫 파이톤' 또는 '융단 비단뱀'이라는 이름으로 불리는 중형의 비단뱀으로 머리가 크고 근육질의 날씬한 체형을 가지고 있습니다. 여러 아종이 있고 서식 지역에 따라 다양하고 아름다운 체색과 무늬가 있습니다. 눈 뒷부분의 근육이 크게 발달되어 있어 마치 독을 가진 뱀처럼 머리가 삼각형으로 보이기도 하지만, 겉보기와는 달리 독은 가지고 있지 않고 강한 근육의 힘을 활용하여 먹이를 조여서 사냥합니다. 비단구렁이 중에서는 비교적 작게 자라기 때문에 전 세계적으로 애완용으로 인기가 높습니다.

학 명 : *Morelia spilota cheynei*
원산지 : 호주 퀸즐랜드 북동부
크 기 : 평균 2~4m
생 태 : 주로 나무 위, 땅 위에서 생활

정글 카펫 파이톤

Jungle Carpet Python

Coloring

에메티스틴 파이톤

Amethystine Python

활동시기 **먹이**

'스크럽 파이톤(Scrub Python)'으로 많이 불리는 이 뱀은 오세아니아에 서식하는 뱀 중에서 가장 긴 종입니다. 갈색의 바탕에 더 진한 갈색이나 검은색의 그물무늬를 가지고 있습니다. 특별한 특징은 없지만 '자수정(Amethystine) 비단구렁이'라는 이름처럼 자연광을 받았을 때 보랏빛의 아름다운 반사광이 나타납니다. 세계에서 여섯 번째로 크게 자라는 뱀으로, 전체적으로 가늘고 기다란 체형을 갖고 있으며 뱀 가운데서도 특히 활동적인 성격으로 유명합니다. 이 종은 비단뱀 중에서 덩치에 비해 이빨이 가장 긴 종으로 알려져 있습니다.

학 명 : *Simalia amethistina*
원산지 : 호주, 인도네시아, 파푸아뉴기니
크 기 : 평균 4~5m, 최대 7m 이상
생 태 : 주로 나무 위, 땅 위에서 생활

에메티스틴 파이톤

Amethystine Python

Coloring

그린 트리 파이톤

Green Tree Python

활동시기 **먹이**

녹색 나무 비단구렁이는 어릴 때는 과일처럼 보이는 선명한 노란색이나 붉은색으로 태어났다가 크면서 서서히 몸 색이 초록색으로 변하는 독특한 특징을 갖고 있는 비단구렁이입니다. 원산지마다 체색과 무늬, 크기, 체형, 성격까지 차이가 있습니다. 낮에는 독특한 자세로 나무에 똬리를 틀고 있다가 해가 지면 활동을 시작합니다. 짙은 색의 꼬리를 애벌레처럼 꿈틀거리면서 먹잇감을 유인하는 방식으로 사냥하며, 이빨이 덩치에 비해 대단히 긴 편입니다. 작은 크기와 선명하고 아름다운 체색, 나무 위에 똬리를 트는 독특한 습성 때문에 관상용으로 인기가 높은 비단뱀입니다.

학　명 : *Morelia viridis*
원산지 : 호주, 인도네시아, 뉴기니
크　기 : 평균 1.5~2m
생　태 : 주로 나무 위에서 생활

그린 트리 파이톤

Green Tree Python

Coloring

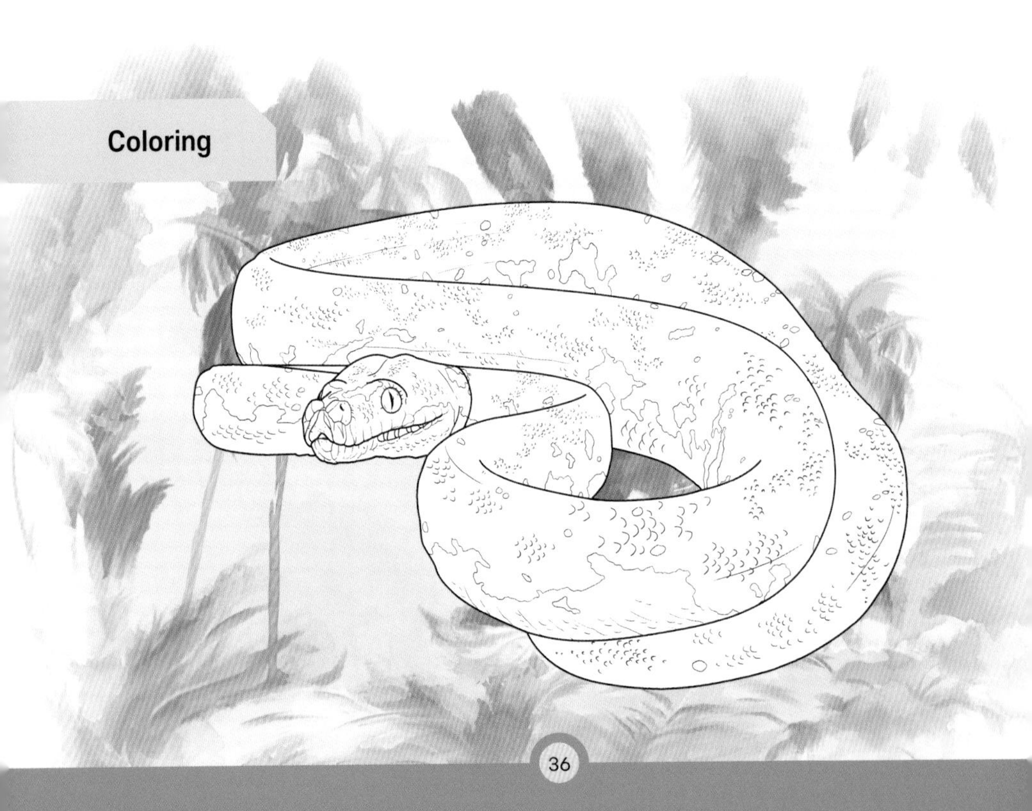

볼린스 파이톤

Boelen's Python

활동시기  먹이

볼린스 비단구렁이는 처음 이 뱀을 발견한 학자의 이름을 딴 이름입니다. 길이에 비해 굵기가 굵고, 머리의 크기 역시 몸통에 비해 상당히 큽니다. 자연광을 받으면 몸 전체에서 무지개색의 신비로운 광채가 나타납니다. 어릴 때는 적갈색의 밝은 체색을 갖고 있지만 몸길이가 1m를 넘어서면서부터 몸 색깔이 어두워지며 점점 검은색으로 변합니다. 배 부분은 옅은 크림색입니다. 자연 상태에서의 생태가 거의 알려져 있지 않은 신비한 종으로, 많은 사육자들이 번식을 위해 노력하고 있지만 인공 번식이 쉽지 않은 종으로 알려져 있습니다.

학 명 : *Simalia boeleni*
원산지 : 뉴기니 고산지대
크 기 : 최대 3m 이상
생 태 : 주로 땅 위에서 생활

볼린스 파이톤

Boelen's Python

Coloring

워마 파이톤

Woma Python

활동시기  먹이

밝은 황색 또는 아이보리색을 바탕으로 몸 전체에 규칙적인 갈색의 가로 줄무늬가 나타납니다. 머리는 노란색 또는 옅은 주황색을 띠고 있고 코끝과 양 눈 위쪽에는 검은색의 얼룩무늬가 있습니다. 이 종은 비단구렁이임에도 불구하고 다른 종들과는 달리 열 감지 기관인 피트 기관을 갖고 있지 않습니다. 뱀 중에서는 활동할 때 체온을 상당히 높게 유지하는 편이며 건조한 환경을 선호합니다. 소형 포유류나 새, 도마뱀 등의 다양한 육상 척추동물을 잡아먹는데, 주로 굴 안에서 먹잇감을 사냥한 후 몸통으로 벽에 강하게 짓누르는 방식으로 제압합니다.

학　명 : *Aspidites ramsayi*
원산지 : 호주 중부, 남서부
크　기 : 최대 2m 이상
생　태 : 주로 땅 위, 땅속에서 생활

워마 파이톤

Woma Python

Coloring

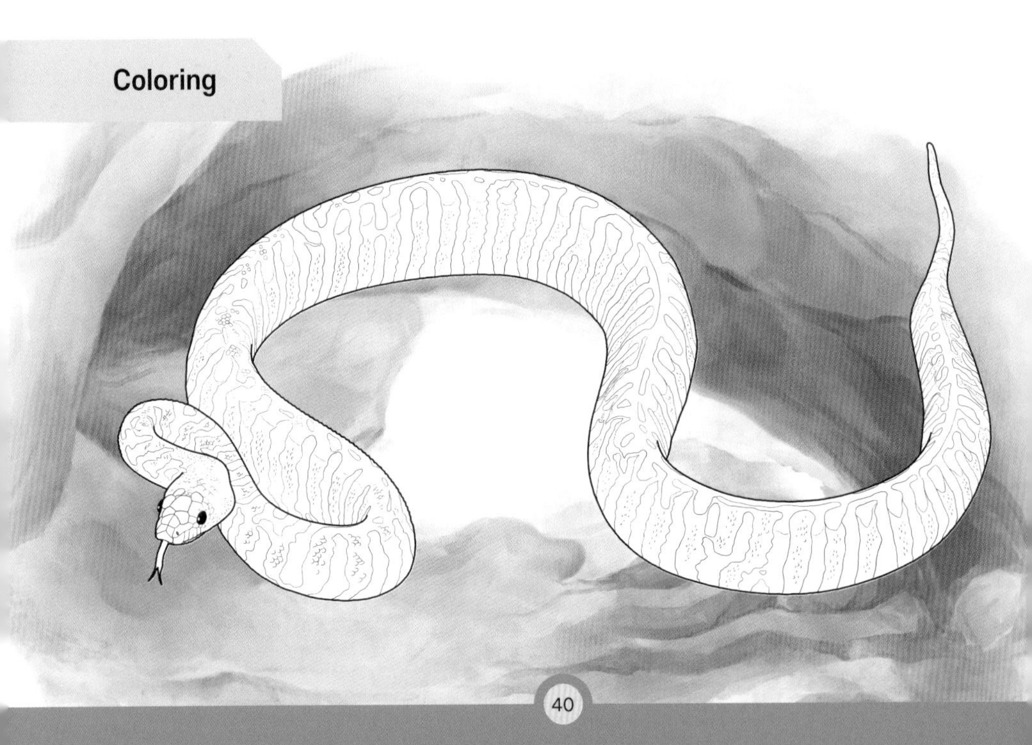

화이트 립드 파이톤

White-lipped Python

활동시기 ☾ **먹이**

흰 입술 비단구렁이는 전체적으로 길고 날렵한 체형으로 몸에 비해 상당히 큰 머리를 가지고 있습니다. 전체적인 체색은 커피색과 비슷한 갈색을 띠고 머리 부분은 검은색, 입술 비늘은 검은색과 흰색이 섞여 있어 마치 피아노의 건반 같습니다. 몸에는 특별한 무늬가 없습니다. 이 종 또한 볼린스 파이톤처럼 밝은 빛에 노출되면 무지개색으로 반짝이는 비늘을 갖고 있습니다. 하지만 아름다운 광채에 비해 성격은 사나운 것으로 알려져 있습니다. 가끔씩 먹이를 먹은 후 털이나 깃털을 뭉쳐 덩어리 형태로 다시 토하는 독특한 행동을 하기도 합니다.

학 명 : *Leiopython albertisii*
원산지 : 인도네시아, 파푸아뉴기니
크 기 : 평균 1.5~2.1m
생 태 : 주로 땅 위에서 생활

화이트 립드 파이톤

White-lipped Python

Coloring

칠드런스 파이톤

Children's Python

활동시기 ☾ 먹이

'칠드런'이라는 이름은 처음 이 뱀을 발견한 사람의 스승이었던 'John George Children'이라는 학자의 이름을 따서 지은 것입니다. 가장 크게 자라도 1.5m 정도밖에 되지 않아 비단구렁이 중 가장 작은 편에 속합니다. 이렇듯 작은 크기와 온순한 성격 때문에 애완용으로 인기가 많은 종입니다. 원서식지에서는 숲, 초원, 사막 등 다양한 환경에 적응하여 살고 있고 파충류, 조류, 포유류를 포함한 대부분의 작은 척추동물을 잡아먹습니다. 알을 낳는 난생이며 비단구렁이답게 알을 품어 적들로부터 보호하면서 부화할 때까지 지킵니다.

학　명 : *Antaresia childreni*
원산지 : 호주 북부
크　기 : 평균 0.7m, 최대 1m
생　태 : 주로 땅 위에서 생활하지만 나무도 잘 탐

칠드런스 파이톤

Children's Python

Coloring

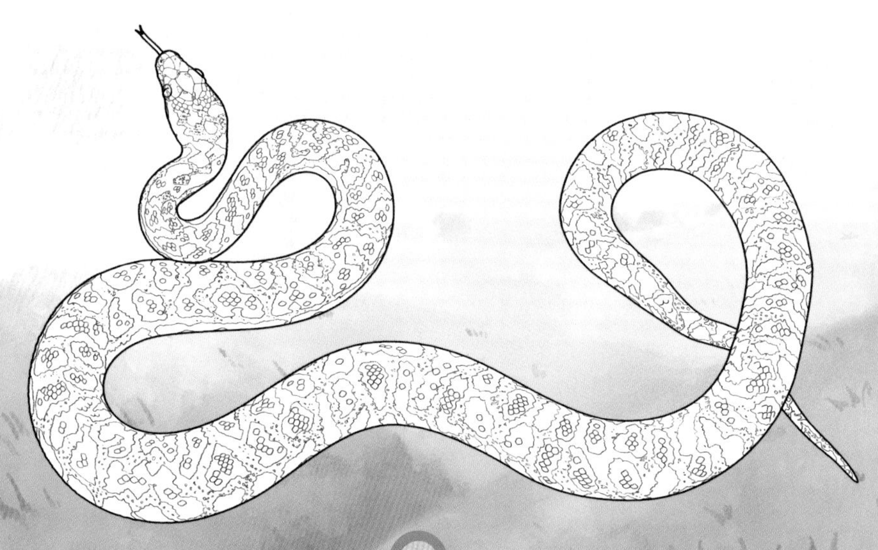

비스마르크 링드 파이톤

Bismarck Ringed Python

활동시기 ☾ 먹이

태평양의 비스마르크 제도에만 서식하는 종으로, 어릴 때의 매우 화려한 색상과 상대적으로 칙칙한 성체의 색 대비로 특히 유명한 소형 비단구렁이입니다. 어릴 때는 검은색과 오렌지색의 화려한 체색을 갖고 있지만, 자라면서 오렌지색이 점점 어두워져 탁한 노란색 또는 옅은 갈색으로 변합니다. 하지만 새끼 때와 성체 때 모두 빛을 쬐면 아름다운 무지개 광채를 내는 비늘을 갖고 있습니다. 야행성 종으로 쥐와 같은 작은 포유류를 주로 먹으며, 적극적으로 먹이를 찾아나서는 활동적인 비단구렁이로 알려져 있습니다.

학 명 : *Bothrochilus boa*
원산지 : 비스마르크 제도
크 기 : 최대 2m
생 태 : 주로 땅 위에서 생활

비스마르크 링드 파이톤

Bismarck Ringed Python

Coloring

엘리펀트 트렁크 스네이크

Elephant Trunk Snake

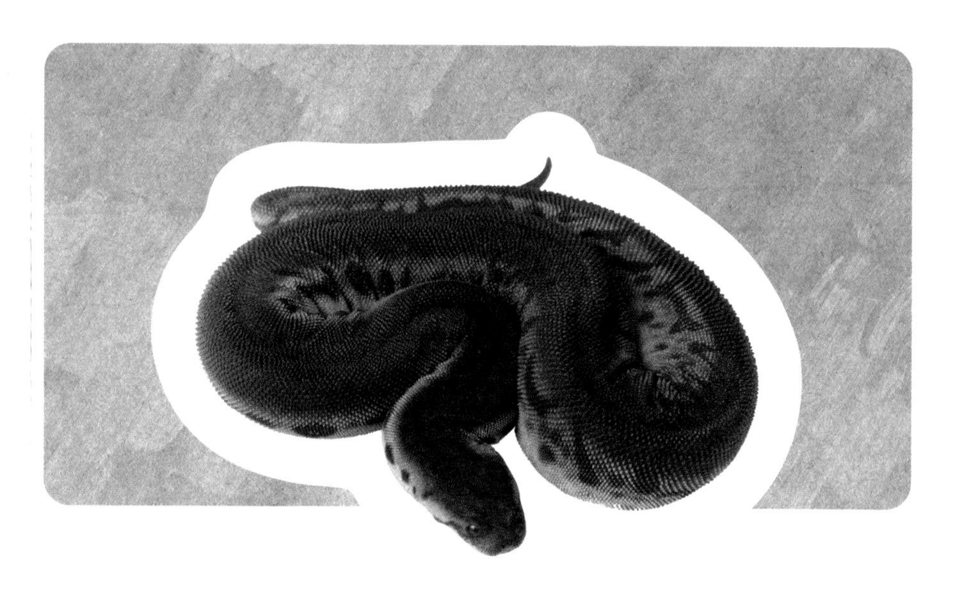

활동시기 ☀ ☾ 먹이

'코끼리 코'라는 이름처럼 주름지고 느슨해 잘 늘어나는 신축성 있는 피부와 거친 사포 같은 느낌의 비늘이 몸 전체를 덮고 있습니다. 이것은 주식인 미끄러운 물고기를 놓치지 않고 사냥하기 위한 것입니다. 이런 독특한 가죽 질감 때문에 가죽을 채취하기 위해 사냥되기도 하고, 현지에서는 식용으로 사용하기도 합니다. 물뱀으로 머리는 넓고 편평하며 콧구멍은 주둥이 위쪽에 위치하고 있습니다. 물속에서 생활하는 데 완벽히 적응한 종으로, 물 밖에서는 자신의 무게를 이기지 못해 이동과 호흡이 어렵기 때문에 육지로 올라가는 경우는 거의 없습니다.

학 명 : *Acrochordus javanicus*
원산지 : 동남아시아 일대
크 기 : 최대 2m 내외
생 태 : 주로 물속에서 생활

엘리펀트 트렁크 스네이크

Elephant Trunk Snake

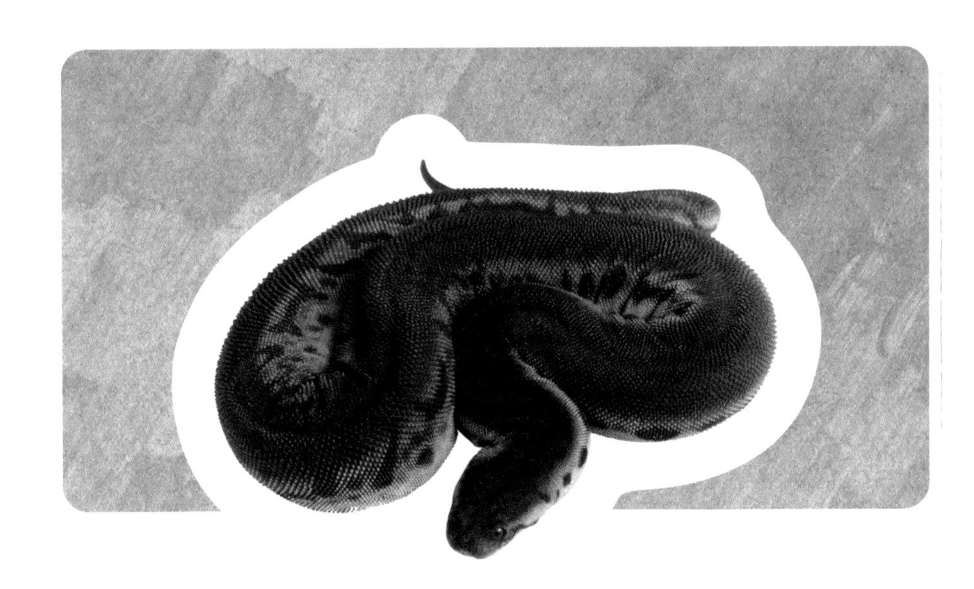

Coloring

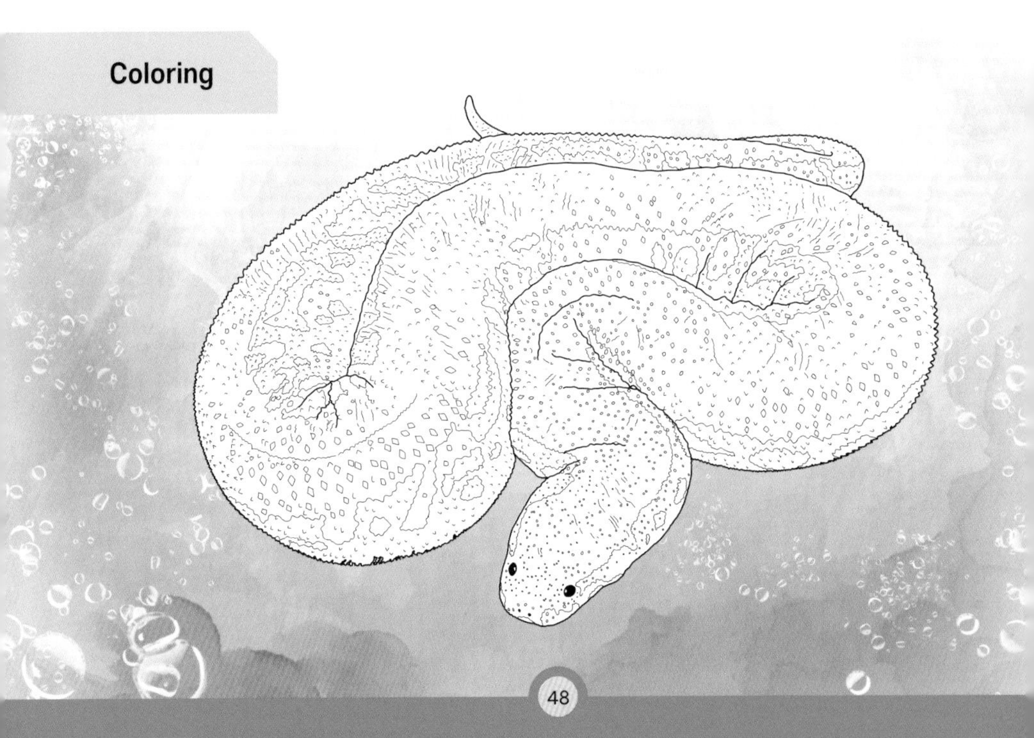

커먼 파이프 스네이크

Common Pipe Snake

활동시기 ☾ **먹이**

머리 끝부터 꼬리 끝까지 굵기가 거의 일정한 몸 형태가 마치 파이프 같다고 해서 지금의 이름을 갖게 되었습니다. 작은 눈을 가진 머리는 목과 구분하기 힘들며, 마치 머리와 비슷한 색과 모양의 둥글고 짧은 꼬리를 갖고 있습니다. 위협을 느낄 때는 머리와 비슷하게 생긴 이 꼬리를 올리고 실제 머리는 내려서 적의 공격을 꼬리 쪽으로 유도합니다. 먹잇감을 몸으로 조여 제압하지만, 다른 뱀들보다 턱의 유연성이 떨어져 자신의 몸 굵기보다 너무 굵은 먹이는 먹을 수 없기 때문에 뱀, 장어처럼 길고 얇은 동물을 주로 잡아먹습니다.

학　명 : *Cylindrophis ruffus*
원산지 : 동남아시아 일대
크　기 : 최대 1m
생　태 : 주로 땅속에서 생활

커먼 파이프 스네이크

Common Pipe Snake

Coloring

아시안 썬빔 스네이크

Asian Sunbeam Snake

땅속 생활을 하는 이 뱀은 무른 땅속에서 움직이기 쉽도록 매끄러운 비늘과 넓적하고 편평한 머리를 가지고 있습니다. 전체적으로 검은색의 몸 색깔에 몸 옆으로는 좀 더 밝은 갈색의 줄무늬를 가지고 있으며, 배 부분은 무늬가 없는 흰색이나 크림색입니다. 색깔이 어둡고 별다른 특징이 없지만 빛, 특히 자연광을 받았을 때는 마치 프리즘을 통해 나타나는 것과 같은 휘황찬란한 무지개 광채가 나타나는 특징 때문에 '햇살뱀'으로 불립니다. 흙이 단단하지 않은 논, 습지에 주로 살면서 사냥을 하는 밤 시간이나 폭우가 내릴 때 모습을 보입니다.

학　명 : *Xenopeltis unicolor*
원산지 : 동남아시아 일대
크　기 : 평균 1m
생　태 : 주로 땅 위, 땅속에서 생활

아시안 썬빔 스네이크

Asian Sunbeam Snake

Coloring

파라다이스 플라잉 스네이크

Paradise Flying Snake

먹이를 잡기 위해 이동하거나 포식자를 피하기 위해서 높은 나뭇가지에서 낮은 가지 사이를 최대 100m까지 활강할 수 있습니다. 활강할 때는 늑골을 펼쳐 몸을 납작하게 하고 지면을 기듯이 몸을 S자로 구부립니다. 주식은 도마뱀이며 먹잇감을 마비시키기 위한 약한 독을 가지고 있는 후아류(독니가 안쪽에 있는) 독사입니다. 날 수 있는 다섯 종류의 뱀들 중에 가장 아름다운 색과 무늬를 갖고 있습니다. 매우 활동적인 뱀으로 주로 낮에 시각과 후각을 사용하여 먹이를 찾는 종입니다.

학　명 : *Chrysopelea paradisi*
원산지 : 동남아시아 일대, 중국 남부 지역
크　기 : 평균 1.2m
생　태 : 주로 나무 위에서 생활

파라다이스 플라잉 스네이크

Paradise Flying Snake

Coloring

롱 노우즈드 휩 스네이크

Long-nosed Whip Snake

몸에 비해 상당히 크고 뾰족한 형태의 머리에 유난히 커다란 눈을 가지고 있으며, 눈동자가 마치 염소와 같은 수평 동공을 가진 유일한 뱀입니다. 채찍처럼 가늘고 긴 꼬리를 가지고 있어서 '긴 코 채찍뱀'이라는 이름을 갖게 되었습니다. 전체적으로 녹색으로만 보이지만, 비늘 안쪽 피부에 검은색과 흰색이 감추어져 있기 때문에 흥분해서 몸을 부풀리면 이 색이 드러나 체크무늬처럼 보입니다. 자연 상태에서는 개구리와 도마뱀을 주로 잡아먹는데, 이들을 제압하는 약한 독을 주입하는 독니를 어금니 쪽에 가지고 있습니다.

학 명 : *Ahaetulla nasuta*
원산지 : 동남아시아 일대
크 기 : 평균 1m 이상
생 태 : 주로 나무 위에서 생활

롱 노우즈드 휩 스네이크

Long-nosed Whip Snake

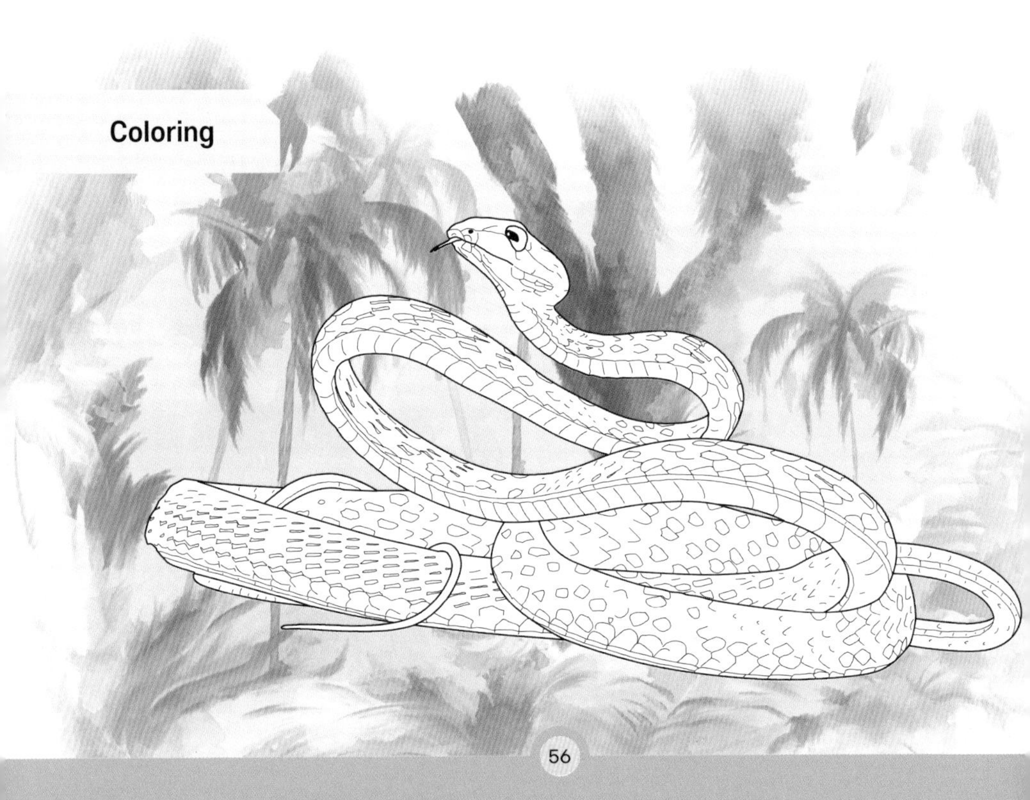

타이거 킬백

Tiger Keelback

우리나라에서는 '꽃뱀', '유혈목이'로 불리는 종으로 물가 근처에서 어렵지 않게 발견할 수 있는 뱀입니다. 목 부분에 매우 화려한 색과 무늬가 있으며, 이러한 화려한 색깔 때문에 꽃뱀이라는 이름이 붙여졌습니다. 겁이 많은 성격이지만 어금니 쪽에 독니를 가지고 있습니다. 붉은색의 목 피부 아래에도 독을 분비하는 독샘이 있어서 천적이 이 부분을 물면 피부가 손상되면서 독이 배출됩니다. 이 독은 스스로 만들어내는 것이 아니라 먹잇감인 두꺼비의 독을 이용해 만드는 것입니다. 독이 묻은 손으로 눈을 비비면 시력을 잃을 수도 있기 때문에 주의해야 합니다.

학　명 : *Rhabdophis tigrinus*
원산지 : 한국을 포함한 동아시아, 동남아시아 일대
크　기 : 최대 1m 이상
생　태 : 주로 물가에서 생활

타이거 킬백

Tiger Keelback

맹그로브 스네이크

Mangrove Snake

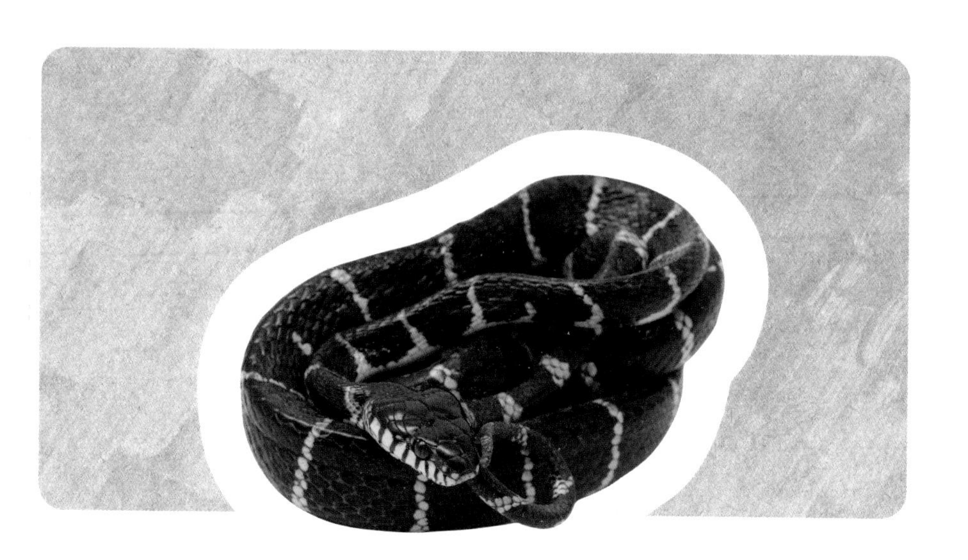

검은색 바탕색에 가늘고 노란 줄무늬를 갖고 있는 화려한 독사로 동남아시아의 숲에서 어렵지 않게 만나볼 수 있는 흔한 독사입니다. 어금니 쪽에 독니를 갖고 있는데, 독니가 박힐 만큼 입을 크게 벌리지 못하는 데다 큰 덩치에 비해 독니의 크기가 크지 않고 독성도 강하지 않습니다. 그래서 다행히 심각한 피해를 주지는 못합니다. 하지만 매우 신경질적이고 공격적인 뱀이기 때문에 위협을 느끼면 목을 부풀리고 '쉭쉭' 소리를 내며 경고하고, 이런 행동이 통하지 않으면 반복적으로 공격할 수 있습니다.

학 명 : *Boiga dendrophila*
원산지 : 동남아시아의 말레이시아, 인도네시아, 태국
크 기 : 최대 2.5m 이상
생 태 : 주로 나무 위에서 생활

맹그로브 스네이크

Mangrove Snake

Coloring

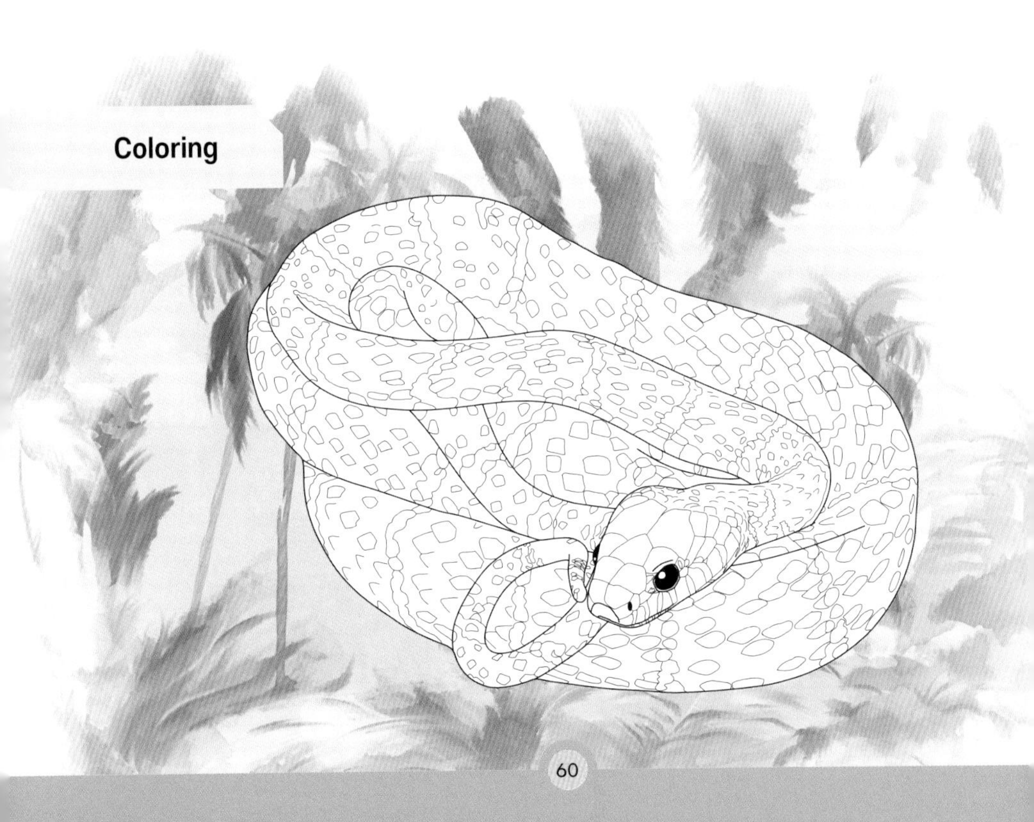

커먼 에그 이터

Common Egg Eater

활동시기 ☀ ☾ **먹이**

알을 주식으로 하는 독특한 식성을 가진 뱀입니다. 이빨은 퇴화되어 거의 없지만, 입 안쪽에 사람의 지문과 비슷한 작고 평행한 주름이 있어서 매끄러운 알을 잡는 데 도움을 줍니다. 알을 삼킨 이후에는 몸 안에 있는 척추 아래의 돌기를 활용하여 단단한 알 껍질을 깨고 내용물만 삼킨 뒤 껍질은 다시 입을 통해 뱉어냅니다. 독이 없고 온순한 성격으로, 천적을 만날 때는 몸을 부풀리고 용골이 있는 거친 비늘을 빠르게 비비면서 소리를 내어 스스로를 방어합니다. 이런 행동은 같은 서식지의 독사인 '톱 비늘 살모사'를 모방하는 것으로 알려져 있습니다.

학 명 : *Dasypeltis scabra*
원산지 : 아프리카와 중동 일부
크 기 : 최대 1m 이상
생 태 : 주로 땅 위에서 생활하지만 나무도 잘 탐

커먼 에그 이터

Common Egg Eater

Coloring

웨스턴 호그 노우즈드 스네이크

Western Hog-nosed Snake

작지만 튼튼한 몸집에 흙을 밀고 파는 데 도움이 되는, 확연하게 위로 들린 들창코가 특징적인 종입니다. 비늘에는 용골이 발달되어 있어 만져보면 상당히 거친 느낌을 줍니다. 천적을 만나면 공격하기보다는 목을 납작하게 해서 코브라를 흉내 내며 위협하다가 이 방법이 통하지 않으면 몸을 뒤집고 입을 벌린 채 항문에서 고약한 냄새를 풍기며 죽은 척을 합니다. 먹이를 사냥하기 위한 약한 독을 가지고 있는데, 물리면 붓고 약한 통증이나 간지러움을 유발할 수 있지만 사람에게 치명적이지는 않습니다. 암컷이 수컷의 두 배 이상으로 크게 자라는 종입니다.

학　명 : *Heterodon nasicus*
원산지 : 북미, 멕시코 북부
크　기 : 평균 60㎝, 최대 1.2m
생　태 : 주로 땅 위에서 생활

웨스턴 호그 노우즈드 스네이크

Western Hog-nosed Snake

Coloring

콘 스네이크

Corn Snake

활동시기  **먹이**

콘 스네이크는 미국 대부분의 지역에서 발견할 수 있는 매우 흔한 종입니다. 독이 없고 온순한 성격 때문에 세계적으로 많이 길러지는 대표적인 애완뱀 가운데 하나입니다. '옥수수뱀'이라는 이름의 유래는 크게 두 가지가 있습니다. 하나는 먹이인 쥐를 잡아먹기 위해 옥수수 창고에서 자주 발견되기 때문에 붙여졌다는 설, 또 다른 하나는 배 비늘의 무늬가 재래종 옥수수에서 보이는 체크무늬와 비슷해서 붙여졌다는 설입니다. 인기 있는 애완용으로 품종 개량도 많이 이루어져 현재는 매우 다양한 색상과 무늬가 있습니다.

학 명 : *Pantherophis guttatus*
원산지 : 북미 전역
크 기 : 평균 1.5m
생 태 : 주로 땅 위에서 생활

콘 스네이크

Corn Snake

Coloring

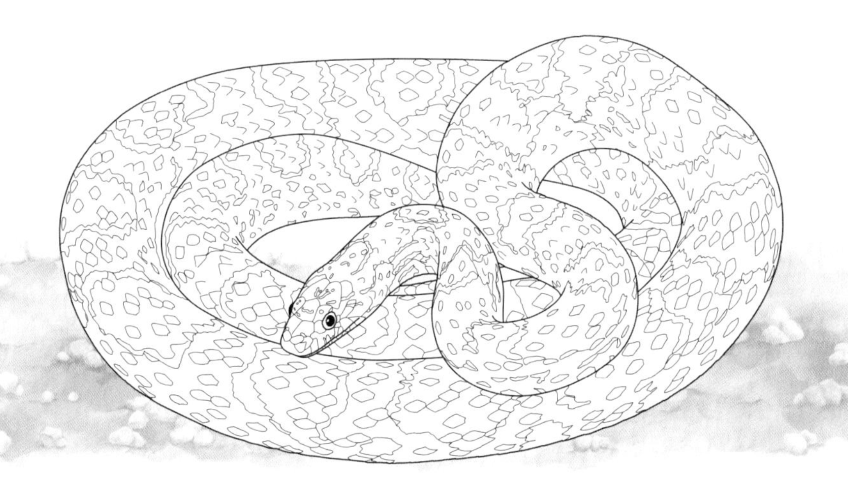

뷰티 렛 스네이크

Beauty Rat Snake

활동시기 (낮) (밤) 먹이 (쥐) (박쥐) (새) (알)

아시아의 드넓은 지역에서 만날 수 있는 종으로 중국, 동남아시아에서는 식용으로 흔히 이용되기도 합니다. 전체적으로 황색 또는 황갈색을 기본으로 검은색 또는 진갈색의 점이나 줄무늬가 나타납니다. 체색이나 무늬는 각각의 뱀마다 조금씩 다르지만, 모두 눈 앞 부분에서 뒤쪽으로 검은색의 줄무늬를 가지고 있습니다. 길고 호리호리한 몸집으로 알 수 있듯이 재빠르고 활동적인 종입니다. 대부분 동굴 주변이나 동굴 안에서 발견되기 때문에 'Cave racer'라는 이름으로 불리기도 합니다. 낮이든 밤이든 관계없이 하루 24시간 언제든 활동합니다.

학 명 : *Elaphe taeniura*
원산지 : 동남아시아 일대, 중국 남동부
크 기 : 평균 2m
생 태 : 주로 땅 위, 나무, 동굴에서 생활

뷰티 렛 스네이크

Beauty Rat Snake

Coloring

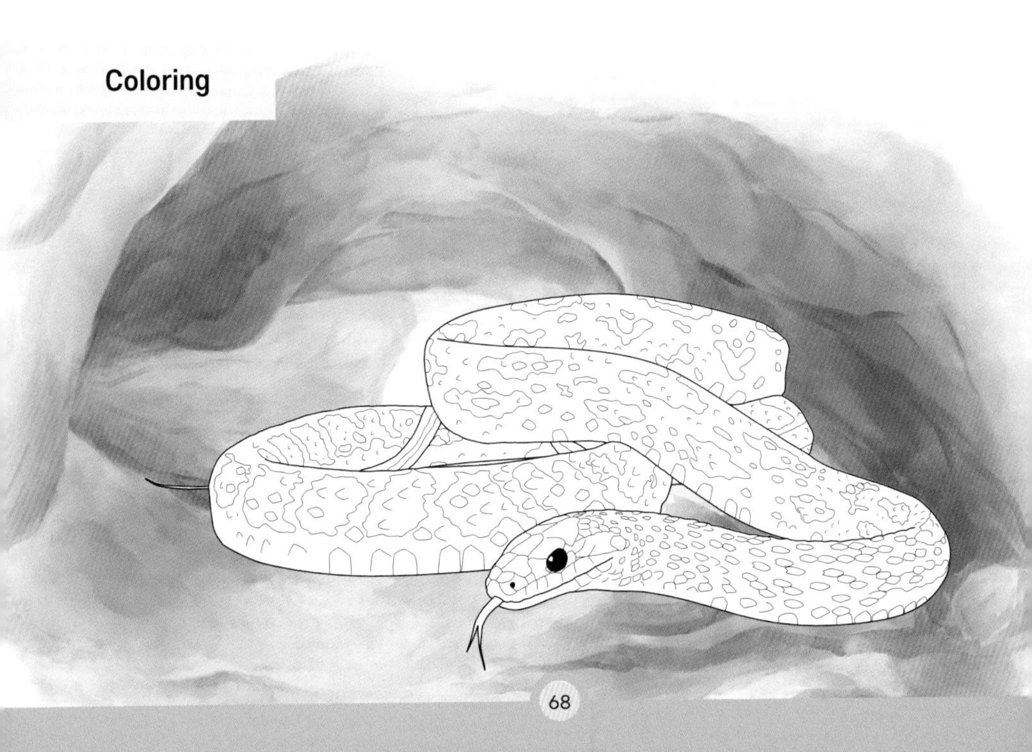

레드 테일드 레이서

Red-tailed Racer

동남아시아 고유종으로 몸은 녹색이고 꼬리 부분은 붉은색이나 적갈색을 띠고 있습니다. 머리는 길쭉하고 눈을 가로지르는 어두운 색의 줄무늬가 있으며 혀는 검은색에 가까운 푸른색입니다. 거의 평생을 땅에 내려가지 않고 나무에서만 지내는 종이기 때문에 상당히 길고 늘씬한 체형을 가지고 있습니다. 배에 넓고 매끄러운 비늘이 있어 나무를 오르거나 나뭇가지 위를 이동하는 데 이상적입니다. 보통 목 부분을 옆으로 펼치는 다른 뱀들과는 달리 위협을 받으면 목 부분을 세로로 부풀리는 독특한 경계 행동을 보입니다.

학　명 : *Gonyosoma oxycephalum*
원산지 : 동남아시아 일대
크　기 : 최대 2.5m
생　태 : 주로 나무 위에서 생활

레드 테일드 레이서

Red-tailed Racer

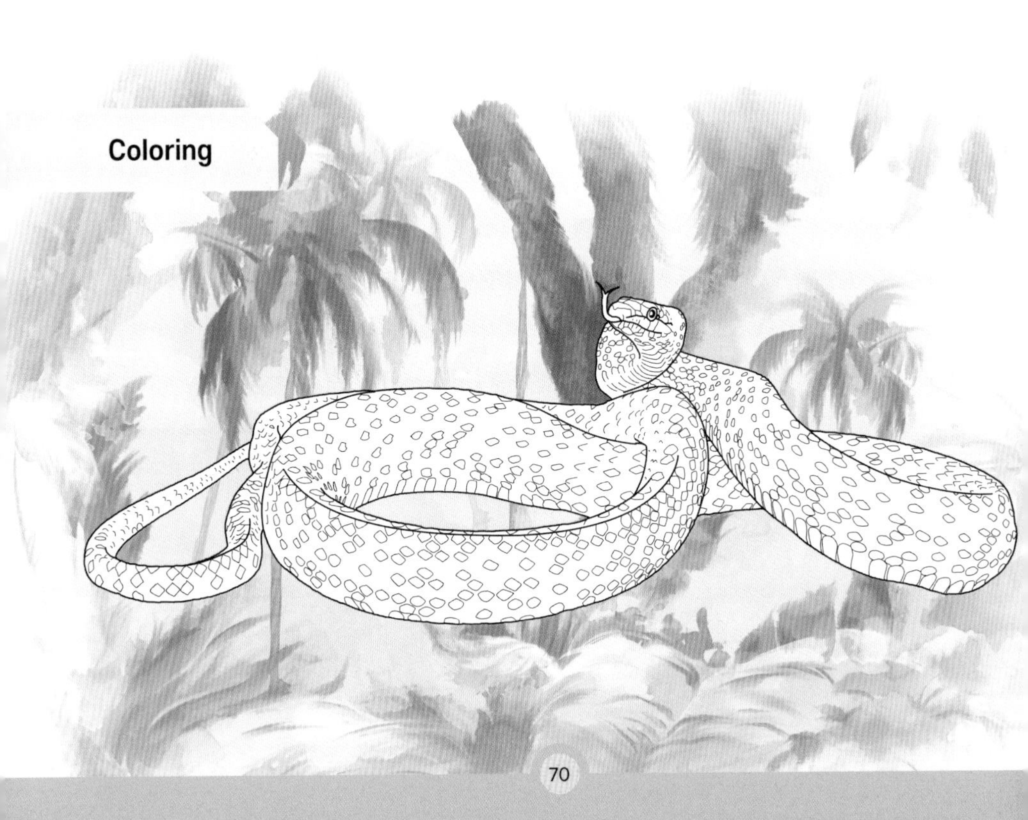

러시안 렛 스네이크

Russian Rat Snake

국내에 서식하는 뱀 중 가장 큰 종으로, 우리나라에서는 다른 뱀에 비해 굵은 종류라는 뜻으로 '구렁이'라고 불립니다. 과거에는 곡식을 훔쳐 먹는 쥐를 잡아먹거나 초가지붕에 둥지를 튼 새의 알 또는 새끼 새를 잡아먹기 위하여 민가 근처에서 살면서 인간과 자주 마주쳤습니다. '집을 지키는 구렁이를 해하면 재앙이 생긴다'는 믿음이 있을 정도로 인간과 공존하는 종이었지만 주택 개량, 농약과 살충제의 무분별한 이용, 서식지 파괴, 불법 남획 등으로 그 수가 점점 줄어들어 현재는 멸종위기 야생생물로 지정되어 엄격하게 보호받고 있습니다.

학 명 : *Elaphe schrenckii*
원산지 : 동아시아의 한국, 중국, 러시아
크 기 : 최대 2m 이상
생 태 : 주로 나무 위, 땅 위에서 생활

러시안 렛 스네이크

Russian Rat Snake

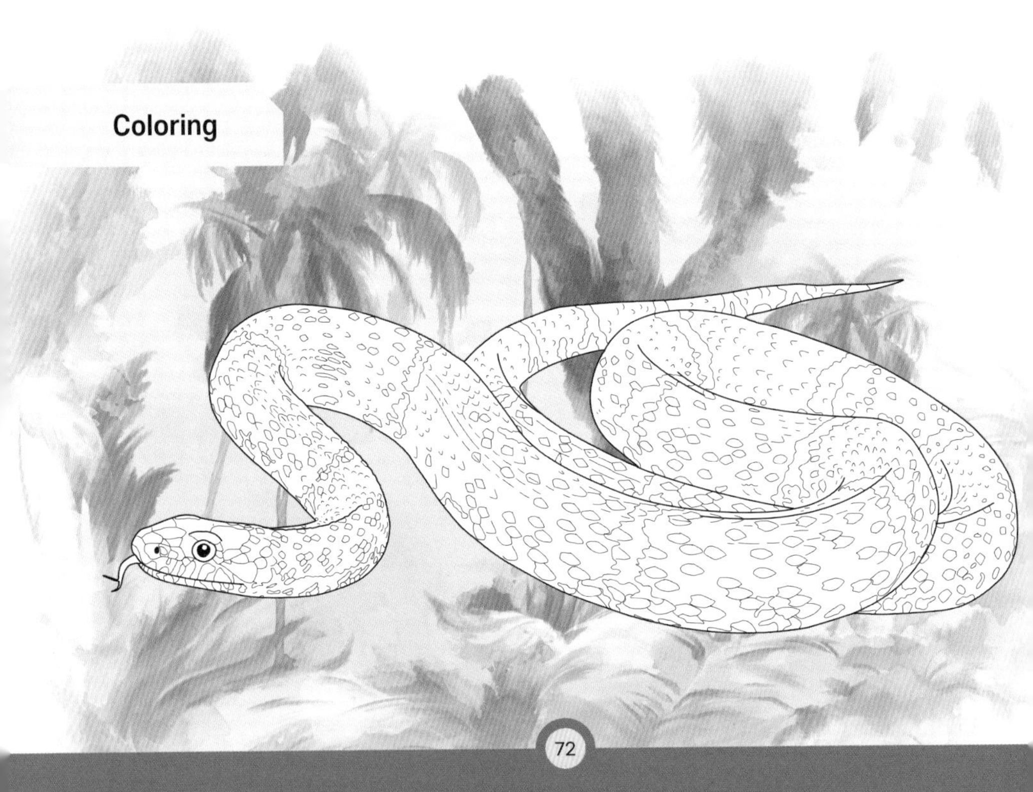

뱀부 렛 스네이크

Bamboo Rat Snake

활동시기 먹이

머리는 작고 사각형이며, 색상은 붉은색 바탕에 굵은 검은색 세로 줄무늬가 있거나 가는 검은색과 진한 붉은색의 띠 등 다양한 무늬를 가지고 있습니다. 대부분의 시간을 이끼 아래나 바위, 통나무 아래에서 숨어 지냅니다. 늦은 저녁부터 밤까지, 새벽부터 늦은 아침까지와 같이 어두컴컴한 시간대에 주로 먹이 사냥을 합니다. 야생에서는 대부분의 시간을 지하에서 보내는 종으로, 다른 뱀들과는 달리 서늘하고 습한 환경을 좋아하기 때문에 서식지가 상당히 제한적인 데다 환경 변화에 민감하여 애완용으로 기르기가 어려운 종으로 알려져 있습니다.

학 명 : *Oreocryptophis porphyraceus*
원산지 : 동남아시아 및 중국 남부
크 기 : 평균 70~80㎝
생 태 : 주로 땅 위, 땅속에서 생활

뱀부 렛 스네이크

Bamboo Rat Snake

Coloring

배런스 그린 레이서

Baron's Green Racer

활동시기 먹이

마치 코뿔소와 같이 코끝에 뿔처럼 나온 돌기가 특징적인 뱀입니다. 단단해 보이는 이 돌기는 사실 뼈나 각질이 아니고 부드러운 피부의 일부입니다. 매우 긴 체형이며 나무 위에서 생활하는 뱀으로, 꼬리가 굉장히 길어 총 길이의 30% 정도를 차지합니다. 어금니 쪽에 약한 독을 가지고 있기는 하지만, 적을 만나도 물기보다는 총배설강에서 내뿜는 고약한 냄새로 방어합니다. 몸의 색깔은 대부분 녹색이지만 가끔 푸른색이나 옅은 갈색을 가진 개체도 발견됩니다. 주행성으로 굉장히 활동적이며 설치류, 도마뱀, 조류, 양서류 등 상당히 다양한 먹이를 먹습니다.

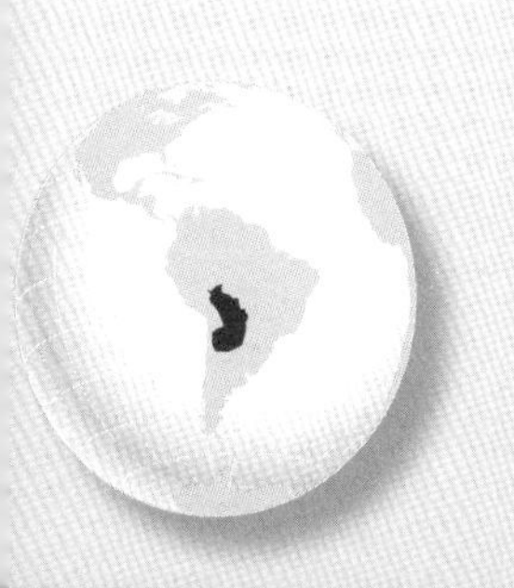

학　명 : *Philodryas baroni*
원산지 : 중미의 아르헨티나, 볼리비아, 파라과이
크　기 : 평균 1.5~1.9m
생　태 : 주로 나무 위에서 생활

배런스 그린 레이서

Baron's Green Racer

만다린 렛 스네이크

Mandarin Rat Snake

활동시기 먹이

전체적으로 연한 회색을 바탕으로 18~40개 정도 되는 검은색 테두리의 노란 다이아몬드 무늬가 목부터 꼬리까지 배열되어 있습니다. 보통 이런 선명한 색 대비는 품종 개량을 통해 이루어지지만, 이 종의 색은 자연적인 진화의 결과물입니다. 다른 뱀들과 달리 상대적으로 낮은 온도를 좋아하는 종으로 새벽이나 해질녘에만 은밀하게 활동하는 습성을 가지고 있습니다. 다른 뱀들이 좋아하는 30℃가 넘는 고온과 건조한 환경은 이 종에게는 오히려 스트레스가 됩니다. 높은 온도가 계속 유지되면 급격하게 약해지거나 심한 경우 죽을 수도 있습니다.

학　명 : *Euprepiophis mandarinus*
원산지 : 동남아시아 및 중국 남부·중부
크　기 : 평균 1m, 최대 1.4m
생　태 : 주로 땅 위에서 생활

만다린 렛 스네이크

Mandarin Rat Snake

Coloring

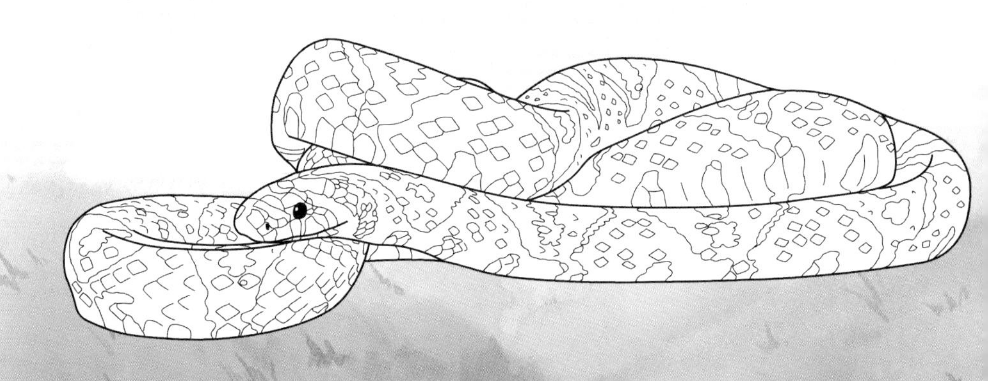

멕시칸 블랙 킹 스네이크

Mexican Black King Snake

활동시기 먹이

이름처럼 몸 전체가 검은색으로 보이지만 자연광 아래에서 보면 검은색보다는 어두운 초콜릿색에 가깝습니다. 어릴 때는 턱 아래에 흰색이나 노란색의 작은 반점을 가지고 있지만 보통은 자라면서 희미해지거나 완전히 사라집니다. 머리는 둥글고 목이 구분되지 않는 다부진 체형을 가지고 있습니다. '킹 스네이크(King Snake)'라는 이름은 다른 뱀을 주식으로 삼는 습성 때문에 얻게 되었습니다. 방울뱀 등의 독사까지도 문제없이 잡아먹고, 뱀뿐만 아니라 다른 파충류, 양서류, 포유류, 조류 등 가리지 않고 먹는 왕성한 식욕을 가지고 있습니다.

학 명 : *Lampropeltis getula nigrita*
원산지 : 북미의 멕시코 남서부, 애리조나 서부
크 기 : 최대 2m
생 태 : 주로 땅 위에서 생활

멕시칸 블랙 킹 스네이크

Mexican Black King Snake

Coloring

혼듀란 밀크 스네이크

Honduran Milk Snake

'우유뱀(Milk Snake)'이라고 불리는 뱀은 '왕뱀(King Snake)'의 일종입니다. 학명인 트라이앵귤럼(triangulum)은 라틴어로 '3'을 뜻하는데 이것은 몸에 나타나는 빨강, 검정, 노랑의 세 가지 색깔을 의미합니다. 맹독을 가진 산호뱀을 흉내 내는 종으로, 산호뱀과 비슷한 화려한 색을 가지고 있지만 사실 독은 전혀 가지고 있지 않습니다. 이 종은 다양한 밀크 스네이크의 아종 중에서도 가장 크게 자라는 종으로 18개월이면 성적으로 성숙해집니다. 온순한 성격과 화려한 색상 때문에 애완 목적으로 많이 사육되며 다양한 색상으로 개량되고 있습니다.

학 명 : *Lampropeltis triangulum hondurensis*

원산지 : 중미의 온두라스, 니카라과, 코스타리카 북동부

크 기 : 최대 2m

생 태 : 주로 땅 위에서 생활

혼듀란 밀크 스네이크

Honduran Milk Snake

Coloring

텍사스 코랄 스네이크

Texas Coral Snake

활동시기 ☾ **먹이**

선명한 검은색, 노란색, 빨간색을 가진 산호뱀은 검은색과 빨간색 넓은 띠 사이에 좁은 노란 띠를 가지고 있습니다. 먹이를 마비시키는 강력한 신경독을 가지고 있으며 몸의 화려한 색상은 자신이 강한 독을 가지고 있다는 것을 알리는 경고의 의미입니다. 이런 경고색을 독이 없는 왕뱀(King Snake)의 몇몇 종이 따라 하는데, 이렇게 독이 없는 생물이 독이 있는 생물을 따라 하는 것을 '의태'라고 합니다. 강한 독을 가진 것에 비해 소심하고 겁이 많아 주로 낮 동안에는 쉬다가 밤에 활동하며 특히 비가 온 후 온도가 25℃ 이상 올라가면 활발히 활동합니다.

학 명 : *Micrurus tener*
원산지 : 북미의 미국 남부에서 멕시코 중부까지
크 기 : 평균 0.6~1.2m
생 태 : 주로 땅 위에서 생활

텍사스 코랄 스네이크

Texas Coral Snake

Coloring

인랜드 타이판

Inland Taipan

활동시기 ☾ **먹이**

세상에서 가장 강한 독을 가진 육지뱀입니다. 독 주입 한번에 100명의 성인을 죽일 수 있을 정도로 강력한 독을 가지고 있습니다. 인랜드 타이판의 독은 특히 온혈동물에게 더 강력한 효과를 발휘하기 때문에 주로 설치류 같은 작은 포유동물을 잡아먹습니다. 매우 빠르고 민첩하지만 다행히 성격은 비교적 사납지 않고 위협을 가하기 전에 도망가는 것을 선택하는 편이며, 서식지가 호주의 외딴 지역이기 때문에 사람과의 접촉은 거의 없는 종입니다. 특이하게도 다른 뱀들과는 달리 계절 변화에 따라 피부색을 변화시키는 능력을 가지고 있습니다.

학　명 : *Oxyuranus microlepidotus*
원산지 : 호주 중동부 일대
크　기 : 평균 2m, 최대 2.5m
생　태 : 주로 땅 위에서 생활

인랜드 타이판

Inland Taipan

Coloring

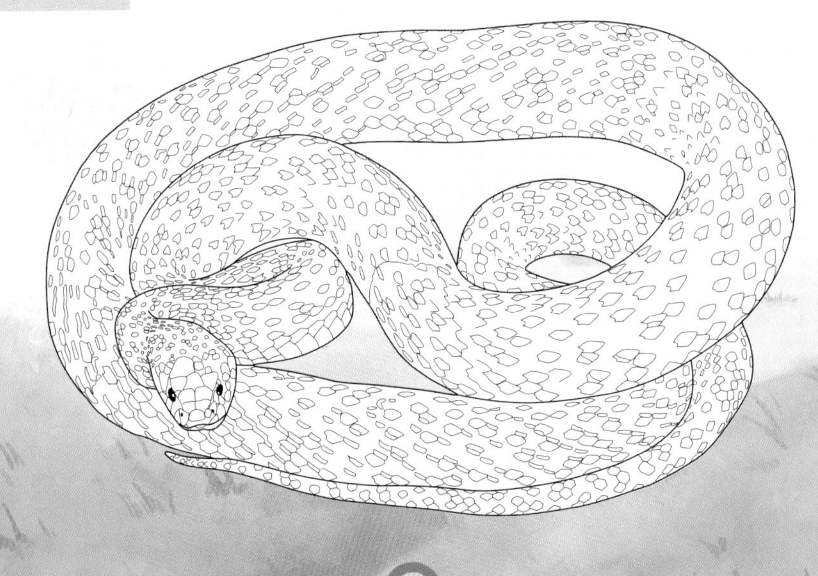

웨스턴 그린 맘바

Western Green Mamba

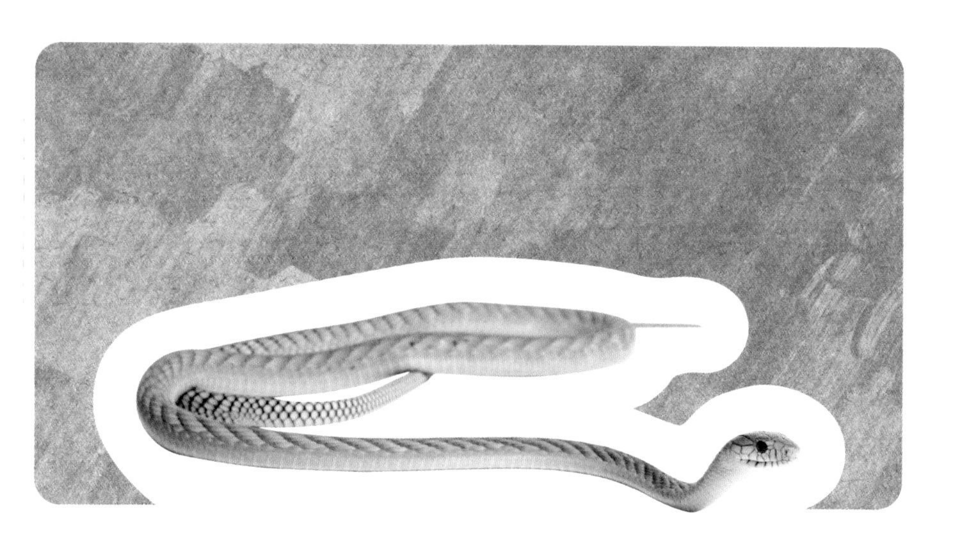

활동시기  먹이

웨스턴 그린 맘바는 길고 날씬한 몸을 가진 맹독성의 뱀으로 주로 나무 위에서 생활하는 매우 빠르고 활발한 뱀입니다. 이름처럼 밝은 녹색을 가지고 있으며 나뭇잎 사이에서 눈에 잘 띄지 않는 이 몸 색을 이용해 나무 위에서 매복하며 사냥합니다. 주행성 뱀으로 눈이 크고 둥근 편입니다. 특별히 공격적이지는 않은 종이기 때문에 놀라면 대부분 도망치는 것을 선택하지만, 상황이 여의치 않고 궁지에 몰리면 즉시 공격적인 태세를 취합니다. 강력한 독을 가지고 있고 행동이 민첩하기 때문에 대단히 위험할 수 있습니다.

학 명 : *Dendroaspis viridis*
원산지 : 아프리카 서부 일대의 감비아, 세네갈, 토고
크 기 : 평균 1.8~2.3m, 최대 2.5m
생 태 : 주로 나무 위에서 생활

웨스턴 그린 맘바

Western Green Mamba

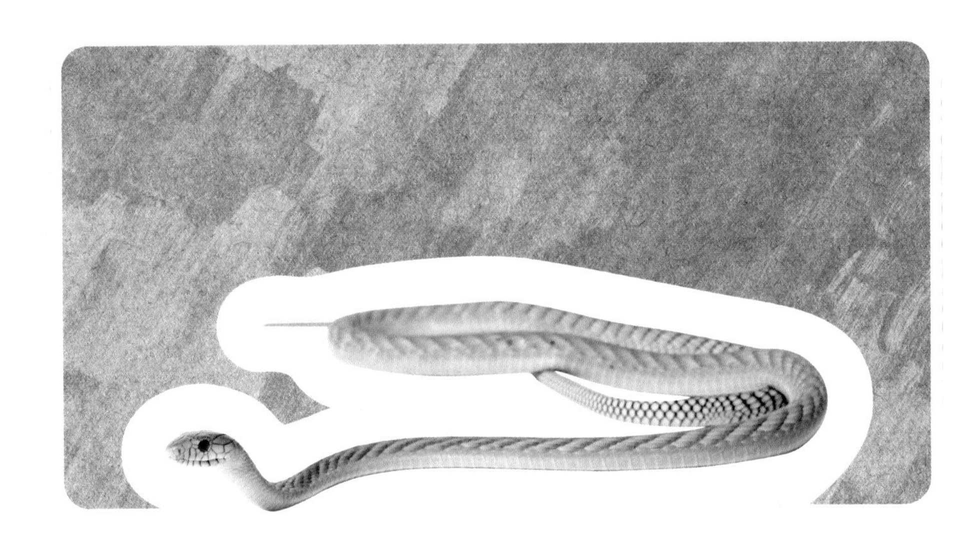

Coloring

킹 코브라

King Cobra

활동시기  먹이

세계에서 가장 길고 큰 독사인 킹 코브라는 '뱀을 잡아먹는 뱀'으로 유명합니다. 올리브색의 피부를 가지고 있으며 몸통에는 머리 쪽으로 모이는 검은색과 흰색 줄무늬가 있습니다. 어릴 때는 매우 진한 바탕색에 밝은 노란색 무늬가 있지만 크면서 점점 희미해집니다. 현재까지 알려진 가장 큰 개체는 태국에서 잡힌 5.59m짜리 뱀이며 수컷이 암컷보다 훨씬 크게 자라는 종입니다. 알을 낳는 둥지를 만드는 유일한 뱀으로, 평상시에는 특별히 공격적이지 않지만 알을 품고 있을 때만큼은 예민해지며 침입자를 빠르게 공격하는 것으로 알려져 있습니다.

학　명 : *Ophiophagus hannah*
원산지 : 동남아시아 일대
크　기 : 평균 3~5m, 최대 5.5m 이상
생　태 : 주로 땅 위에서 생활

킹 코브라

King Cobra

Coloring

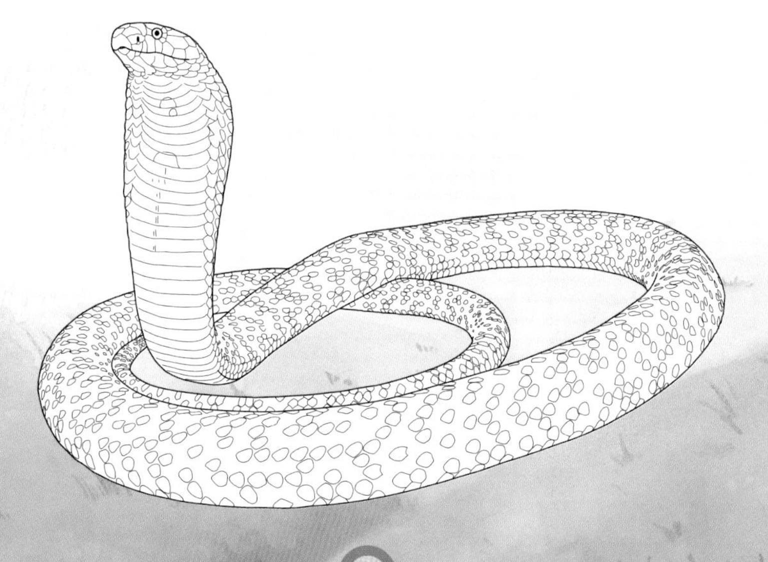

인디언 스피팅 코브라

Indian Spitting Cobra

활동시기 **먹이**

목 뒷부분에 O자형의 무늬를 가지고 있어 '외눈안경 코브라'라고 불리기도 합니다. 포식자에게 발각되면 목 부분의 '후드'를 펼쳐 몸집을 커 보이게 하고 '쉭쉭' 소리를 내며 위협합니다. 다른 코브라처럼 독니로 직접 먹이나 적을 물 수도 있지만, 독니의 독 주입 구멍이 앞을 향하고 있기 때문에 'spitting'이라는 이름에 맞게 적의 눈을 향해 정확하게 독을 뱉어낼 수도 있습니다. 원서식지에서는 논두렁이나 제방에 있는 설치류의 굴 같은 곳에 주로 숨어 지내다가 해질녘에 가장 활발하게 활동하기 때문에 사람에게 피해를 많이 끼치는 종으로 알려져 있습니다.

학　명 : *Naja kaouthia*
원산지 : 동남아시아 일대
크　기 : 평균 1.5m
생　태 : 주로 땅 위에서 생활

인디언 스피팅 코브라

Indian Spitting Cobra

Coloring

밴디드 씨 크레이트

Banded Sea Krait

활동시기  먹이

동남아시아와 오세아니아의 따뜻한 바다에 서식하는 바다뱀으로 푸르스름한 바탕색에 검은색 줄무늬와 노란 머리를 갖고 있습니다. 꼬리 끝은 헤엄을 치기에 알맞게 마치 노처럼 평평한 형태를 가지고 있습니다. 강력한 독을 갖고 있는 독사지만 공격적인 성격은 아니기 때문에 사람과 자주 마주쳐도 인명피해가 많지 않은 편입니다. 주식은 물고기, 그 중에서도 장어 종류이며 강력한 독으로 제압한 뒤 통째로 삼킵니다. 바다뱀 가운데서도 육지에 자주 올라가는 종으로 먹이를 소화시키거나 탈피, 번식을 할 때는 꽤 오랜 시간을 땅 위에서 보냅니다.

학　명 : *Laticauda colubrina*
원산지 : 동남아시아와 오세아니아의 따뜻한 바다
크　기 : 최대 1.5m
생　태 : 주로 바다에서 생활하지만 종종 육지로도 나옴

밴디드 씨 크레이트

Banded Sea Krait

Coloring

이스턴 다이아몬드백 래틀스네이크

Eastern Diamondback Rattlesnake

활동시기 **먹이**

동부 다이아몬드 방울뱀은 아메리카 대륙에서 가장 무거운 독사이자 가장 큰 방울뱀입니다. 이름처럼 위협을 느끼면 꼬리 끝의 '방울'을 흔들어 소리를 냅니다. 이 '방울'은 허물을 벗으면 남는 마지막 꼬리 끝의 허물 조각으로, 갓 태어난 뒤 최소한 두 번은 탈피해야 방울로서의 기능을 하며 소리를 낼 수 있습니다. 위협이 통하지 않으면 몸길이의 3분의 1까지 몸을 뻗어 공격할 수 있습니다. 대부분의 시간을 땅 위에서 보내는 종으로, 수영에는 상당히 능숙하지만 나무를 기어오르는 데는 능숙하지 않습니다.

학 명 : *Crotalus adamanteus*
원산지 : 북미의 미국 남동부 노스캐롤라이나, 플로리다
크 기 : 최대 2.5m, 15kg, 수컷이 암컷보다 큼
생 태 : 주로 땅 위에서 생활

이스턴 다이아몬드백 래틀스네이크

Eastern Diamondback Rattlesnake

Coloring

사이드와인더

Sidewinder

활동시기 ☾ **먹이**

눈 위쪽에 비늘이 도드라지게 솟아나 있어 '뿔 살모사'라고도 불립니다. 이 솟아오른 비늘은 뱀이 모래에 몸을 묻고 있을 때 눈에 그늘을 드리우거나 눈에 모래가 쌓이는 것을 방지하는 데 도움을 줍니다. 몸을 S자로 구부리며 대각선 방향(Side)으로 기어가는(Wind) 독특한 움직임으로 유명한 독사입니다. 이런 이동 방법 때문에 모래 위를 지나가면 J자 모양의 자국이 남습니다. 더운 계절에는 주로 밤에 활동하고 추운 계절에는 주로 낮에 활동하는, 야행성과 주행성을 계절에 따라 바꾸는 독특한 생활사를 갖고 있습니다.

학 명 : *Crotalus cerastes*
원산지 : 북미
크 기 : 평균 70㎝
생 태 : 주로 땅 위에서 생활

사이드와인더

Sidewinder

Coloring

부쉬마스터

Bushmaster

활동시기 **먹이**

킹 코브라와 블랙 맘바에 이어 세계에서 세 번째로 긴 독사인 부쉬마스터는 모든 살모사과 중에서 가장 크기가 크고, 서반구에서 가장 긴 몸길이를 가진 뱀입니다. 다 자라서도 몸 색깔과 무늬가 화려한 편이지만 어릴 때가 훨씬 더 선명하고 화려합니다. 생김새는 방울뱀과 비슷한데 머리는 크고 넓으며 목이 뚜렷하게 구분됩니다. 방울뱀과 같은 방울 기관은 없지만 덤불 속에서 꼬리를 떨며 바닥을 내리쳐 상당히 큰 소리를 내어 경고할 수 있습니다. 아메리카 대륙에서 유일하게 알을 낳는 살모사로, 어미는 매우 공격적으로 알을 지키는 것으로 알려져 있습니다.

학　명 : *Lachesis muta*
원산지 : 남미 일대
크　기 : 평균 2~3m, 최대 4m
생　태 : 주로 땅 위에서 생활

부쉬마스터

Bushmaster

Coloring

웨글러스 핏 바이퍼

Wagler's Pit Viper

'템플 바이퍼'라고도 불리는 웨글러스 핏 바이퍼는 동남아시아의 넓은 지역에 서식하는 나무 위에 사는 독사입니다. 독이 세지 않고 느린 행동, 온화한 성격 때문에 매우 위험한 맹독사로 여겨지지는 않습니다. 하지만 사냥할 때는 열 감지 기관으로 0.003℃ 정도의 온도 차이도 감지할 수 있으며 먹이를 빠른 속도로 순식간에 낚아챕니다. 수컷과 암컷의 크기 차이가 상당히 많이 나며 덩치뿐만 아니라 무늬, 색도 서로 다르기 때문에 종종 수컷과 암컷이 전혀 다른 종으로 오해받기도 합니다.

학 명 : *Tropidolaemus wagleri*
원산지 : 동남아시아의 말레이시아, 인도네시아, 싱가포르
크 기 : 수컷 최대 0.7m, 암컷 최대 1m 이상
생 태 : 주로 나무 위에서 생활

웨글러스 핏 바이퍼

Wagler's Pit Viper

Coloring

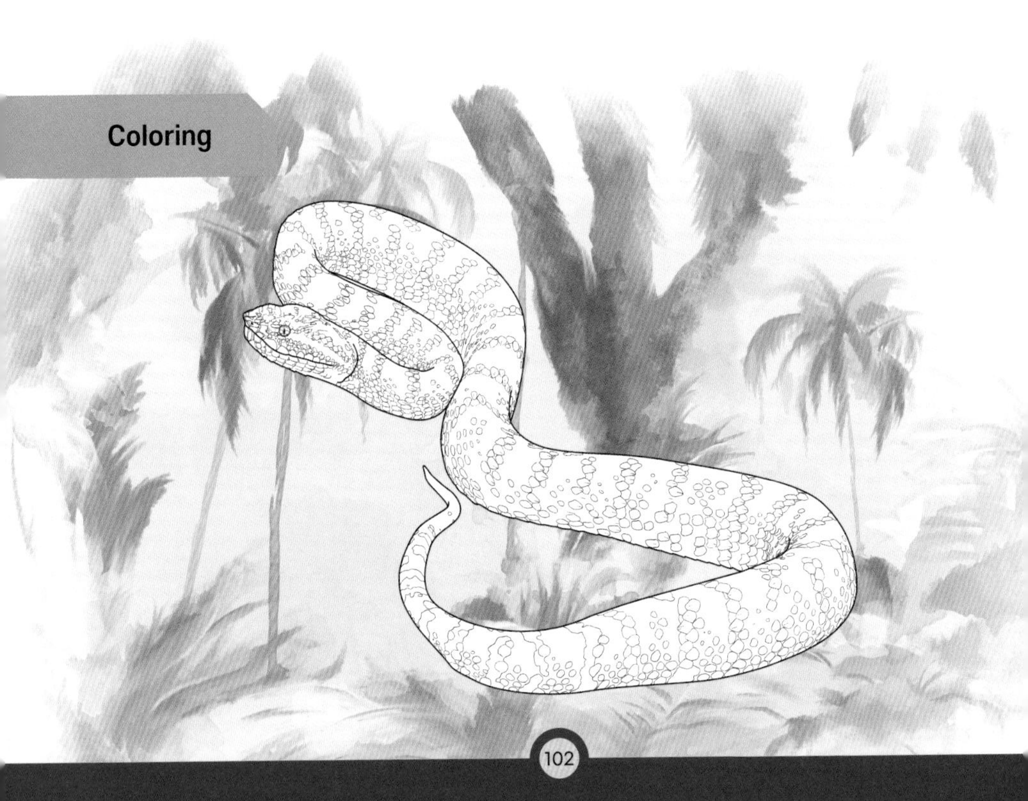

가분 바이퍼

Gaboon Viper

활동시기 먹이

모든 독사 중 가장 긴 독니와 가장 많은 독 생산량을 가진 것으로 유명한 아프리카 독사입니다. 독니의 길이는 5㎝가 넘으며 한번 물었을 때 뿜어내는 독의 양도 뱀 가운데 가장 많습니다. 아프리카에서 가장 무거운 독사로, 매우 짧고 굵으며 길이는 보통 1.5m 정도밖에 되지 않지만 무게는 10kg이 넘기도 합니다. 느긋하고 공격적이지 않은 성격인 데다가 가지고 있는 색과 무늬가 숲에서 높은 위장효과를 제공하기 때문에 적극적으로 돌아다니며 사냥하기보다는 한 곳에서 조용히 움직이지 않고 먹이를 기다리는 매복 형태의 사냥을 합니다.

학 명 : *Bitis gabonica*
원산지 : 사하라 사막 남쪽 아프리카 적도 일대
크 기 : 평균 1.2~1.8m, 최대 2m
생 태 : 주로 땅 위에서 생활

가분 바이퍼

Gaboon Viper

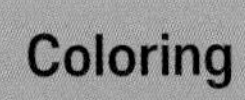

Coloring

부쉬 바이퍼

Bush Viper

활동시기 먹이 

아프리카의 습하고 더운 열대우림에 서식하는 소형종 독사입니다. 몸 색깔은 주로 녹색이 많지만 연두색, 청록색, 노란색, 붉은색, 회색 등 다양한 체색을 가지고 있기도 합니다. 새끼를 낳는 난태생 종으로 한번에 5~10마리 정도의 새끼를 낳는데 같은 배 안에서도 전혀 다른 색을 가진 새끼가 태어날 수 있습니다. 머리가 넓고 크며, 세로 동공의 큰 눈에 입이 매우 크게 벌어져 있습니다. 몸을 덮고 있는 비늘에는 잘 발달된 용골이 있어 전체적으로 작은 뿔에 뒤덮인 느낌이 납니다.

학　명 : *Atheris squamigera*
원산지 : 아프리카의 가나, 케냐, 탄자니아 서부, 앙골라 북부
크　기 : 평균 50~80㎝
생　태 : 주로 나무 위에서 생활

부쉬 바이퍼

Bush Viper

Coloring

인도네시안 핏 바이퍼

Indonesian Pit Viper

몸 색깔은 주로 초록색이지만 일부 개체군은 파란색과 노란색을 띠며 꼬리는 붉은색입니다. 눈과 콧구멍 사이의 커다란 구멍은 피트 기관으로, 열을 감지해 잘 보이지 않는 어둠 속에서도 먹이를 포착할 수 있습니다. 인명피해를 입힐 수 있는 수준의 독을 가지고 있지만 특별히 공격적이지는 않고, 덩치가 작아 물더라도 많은 양의 독을 주입시키지 못합니다. 주로 작은 새와 개구리, 설치류를 잡아먹으며 놓치지 않기 위해 먹이를 입에 문 채 죽기까지 기다린 후 삼키기 시작합니다.

학 명 : *Trimeresurus insularis*
원산지 : 인도네시아 동부 자바 및 인근 섬
크 기 : 평균 80㎝
생 태 : 주로 나무 위에서 생활

인도네시안 핏 바이퍼

Indonesian Pit Viper

사하란 혼드 바이퍼

Saharan Horned Viper

활동시기 ☾ **먹이**

양 눈 위에 하나의 비늘로 만들어진 '뿔'이 돋아나 있는 것으로 유명한 뱀입니다. 모래 속에 스스로를 파묻어 눈만 보이는 형태로 매복하는데, 이 뿔도 사이드와인더의 눈 위 비늘처럼 눈을 보호하는 역할을 합니다. 서식지로 건조하고 모래가 많은 지역을 좋아하지만 너무 거친 입자의 모래는 좋아하지 않습니다. 사이드와인더와 마찬가지로 몸을 S자로 구부리며 대각선 방향(Side)으로 기어가는(Wind) 특유의 형태로 움직입니다. 짧고 굵은 체형을 갖고 있으며 위협을 받으면 거친 비늘을 비벼 독특한 경고음을 냅니다.

학　명 : *Cerastes cerastes*
원산지 : 아프리카 북부와 아랍 반도
크　기 : 평균 30~60㎝, 최대 80㎝
생　태 : 주로 땅 위에서 생활

사하란 혼드 바이퍼

Saharan Horned Viper

Coloring